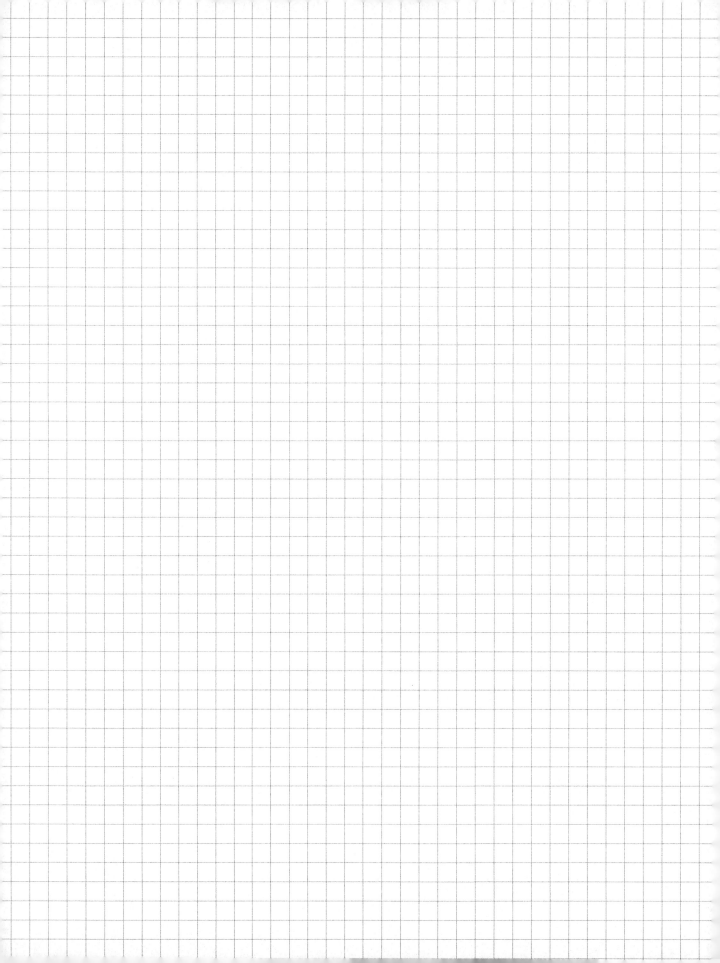

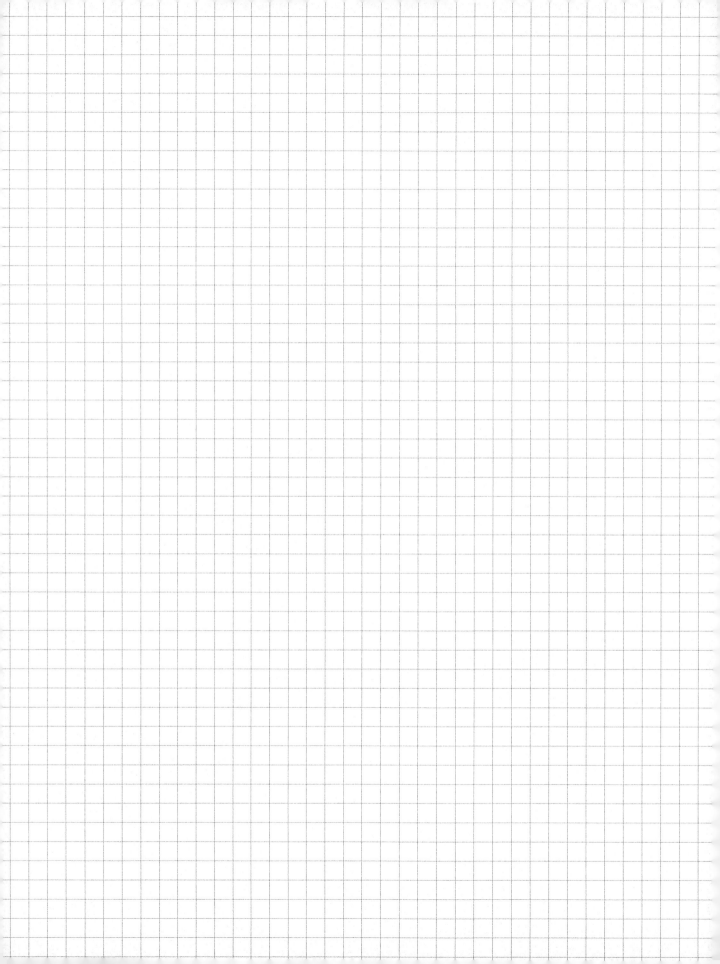

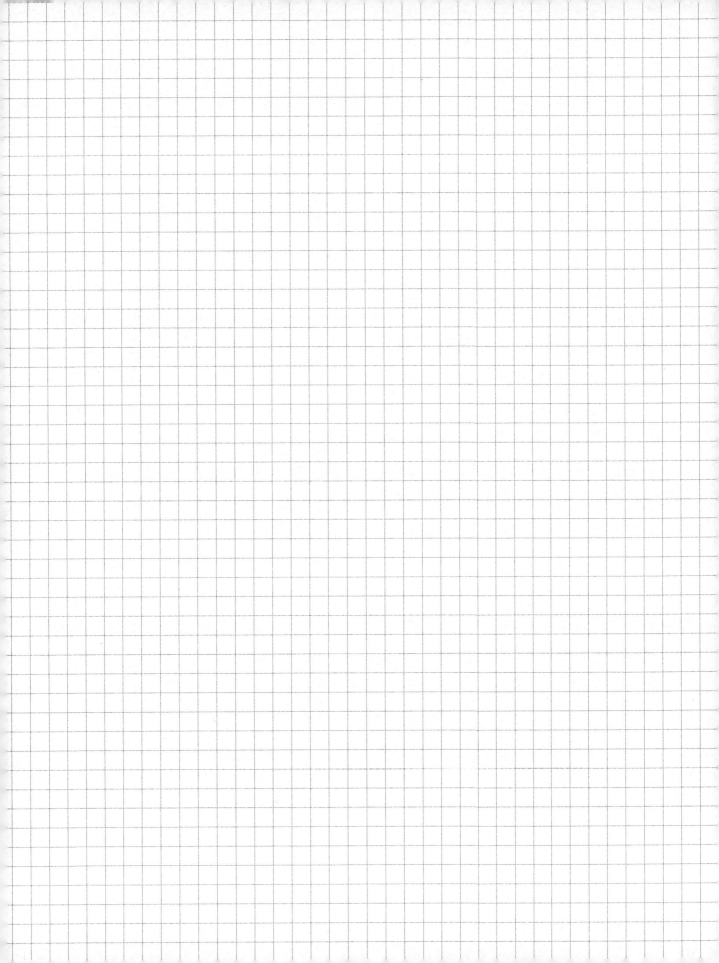

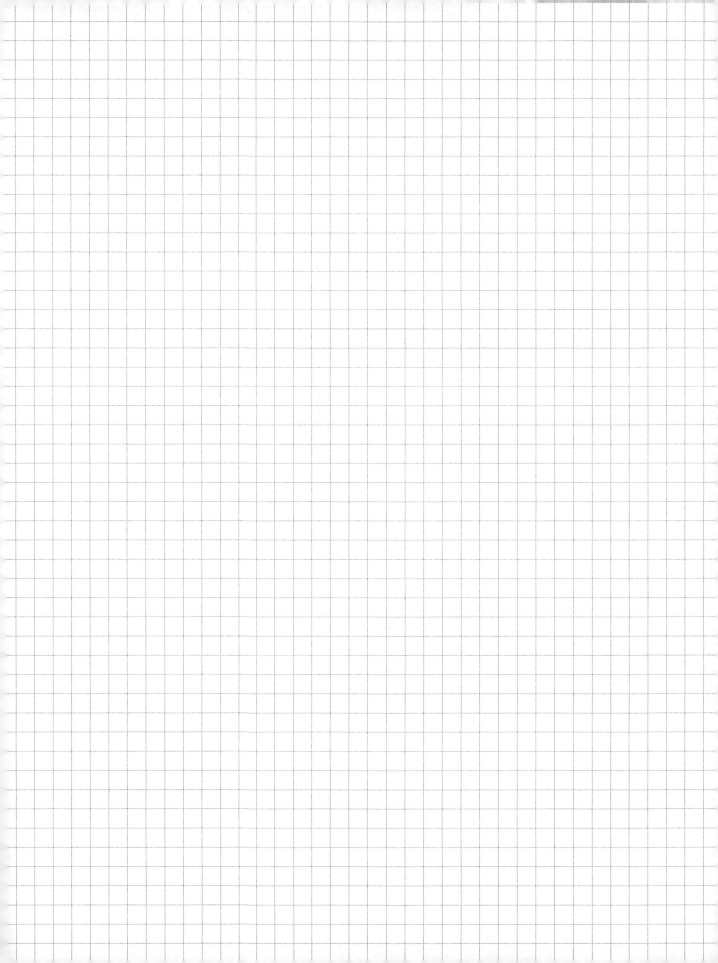

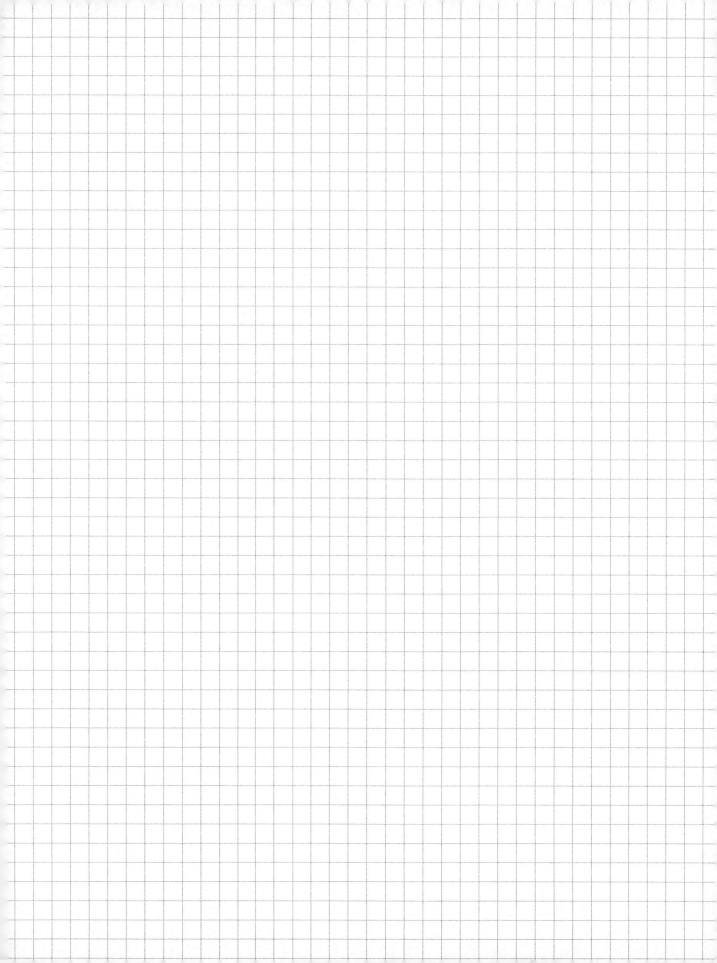

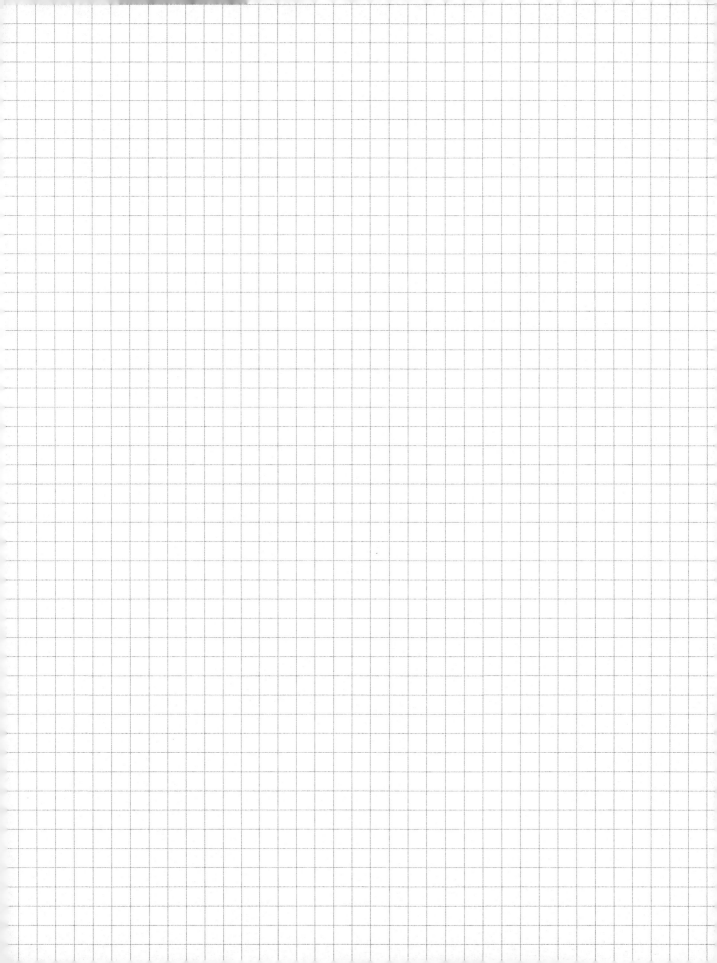

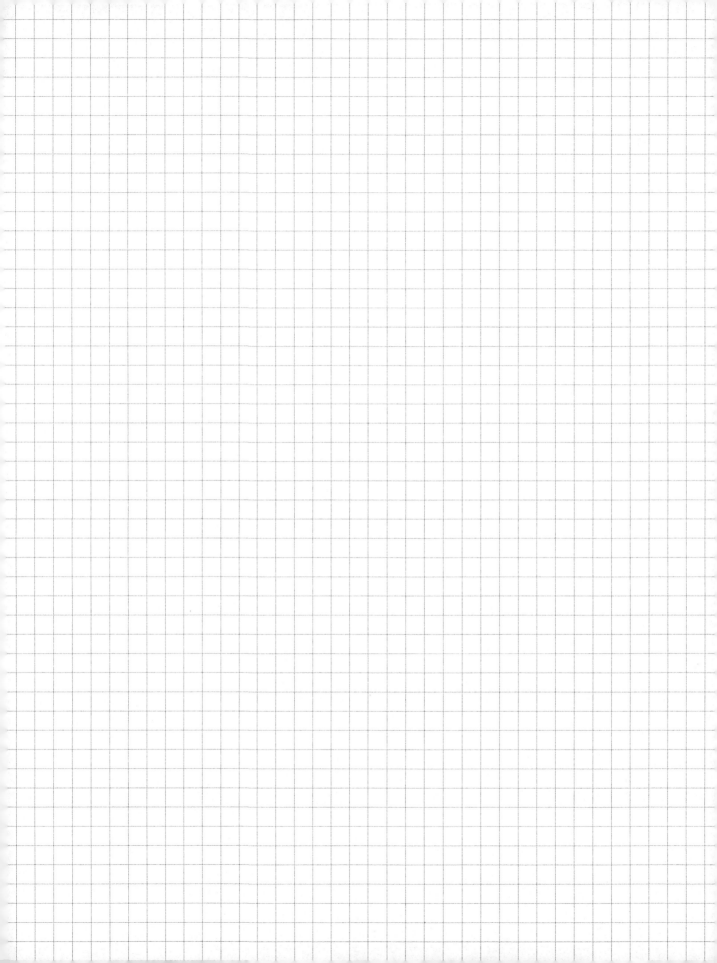

Made in the USA
Middletown, DE
27 January 2023

23292073R00057